化学星球

用趣味故事揭秘身边的化学现象

红点智慧◉编著　后春晖◉绘

四川少年儿童出版社

目 录

一、奇妙的化学世界

01 想成为化学家吗？

你有梦想吗？梦想或许是一个人最宝贵的财富。

也许，你想成为一名作家，流连于诗词的精彩绝伦，领略"白日依山尽，黄河入海流"的壮阔，感受"夜来风雨声，花落知多少"的意境；也许，你想成为一名数学家，遨游于运算的巧思妙想，了解四则运算的殊途同归，发现生活中无处不在的数学之美；也许，你想成为一名画家，痴迷于画卷的别具匠心，为《清明上河图》的千古绝唱惊叹，为蒙娜丽莎的神秘微笑陶醉。

也许，你想成为一名音乐家、医生、建筑师……

那么，你想成为一名化学家吗？

01.2
身边的化学

你是否思考过隐藏在我们喝的水、呼吸的空气、吃的水果等中的化学知识？你是否幻想过自己身穿实验服，拿着烧杯、玻璃棒进行实验操作？当你有了这些行为，或许你对成为化学家就有了向往。

01.3
神秘的魔术师

化学时刻在我们的身边，却又让大家觉得陌生。化学能够为我们呈现出一个变幻莫测的世界。在这个世界里，谁能够"化腐朽为神奇"，谁又能"点石成金"？是神秘的魔术师，还是搞怪的江湖术士？

我想，说不定是我们自己……

你的梦想是什么？

02 细数元素的那些事儿

我们对化学世界的探索，要从最基本的元素开始。

02.1
元素 —— 化学世界的基础

世界上所有物质都是由各种化学元素组成的。按照一定的步骤和方法，将一些化学元素混合在一起，它们就会呈现出神奇的化学变化。

02.2
化学语言的建立

在 19 世纪 60 年代，化学界统一了化学元素符号，各国的化学工作者有了相同标准的化学语言。国际上统一采用元素的拉丁文名称的第一个字母（大写）来表示元素。如果几种元素的拉丁文名称的第一个字母相同，就附加一个小写字母来区别。比如 H 表示氢元素，He 表示氦元素。

02.3
元素周期表

科学家们根据元素的原子结构和性质，把它们科学有序地排列起来，这样就得到了元素周期表。

1869 年，俄国化学家门捷列夫在前人研究的基础上，制出了第一张元素周期表。

元素周期表中，前 20 种元素是：

氢氦锂铍硼（H，He，Li，Be，B），

碳氮氧氟氖（C，N，O，F，Ne），

钠镁铝硅磷（Na，Mg，Al，Si，P），

硫氯氩钾钙（S，Cl，Ar，K，Ca）。

目前，人们已发现的元素有 118 种，每种元素背后都有相当多的故事。小伙伴们多去了解一下吧。

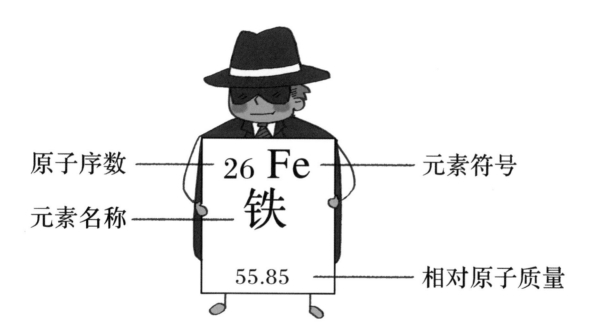

03 氢——我是氢，我最轻，火箭靠我运卫星

大家好，我是大名鼎鼎的氢元素，我位于元素周期表中第一位，是化学元素里当之无愧的"老大"，看看我的能耐吧。

03.1
氢的发现

我虽然质量最轻，但在整个宇宙中，我的总量（按原子数计）是最多的。我在宇宙诞生的早期就出生了，但直到18世纪，瑞士的科学家才发现了我的存在。两个氢原子（H）手拉手就形成了一种无色无味的气体——氢气（H_2）。

03.2
氢气与氧气的"恩怨情仇"

氢气（H_2）与氧气（O_2）可是一对欢喜冤家。氢气和氧气混合后点燃，会释放出大量能量，甚至会发生爆炸！只要控制好条件，液氢和液氧可以作为火箭燃料，将火箭送至太空中。在合适的条件下，氢气可以跟氧气发生缓和的反应。氢气和氧气通过电化学反应，能产生电能。聪明的科学家利用这一点，把氢气和氧气做成了"燃料电池"。更可贵的是，氢气和氧气的反应产物只有水，所以氢气是一种非常清洁的能源。

氢气与氧气的"恩怨情仇"

04 镁——我是镁，我最美，烟花原料我来配

我是镁（Mg），位于元素周期表的第12位。我的故事可以说传遍了人类生活的每个角落。

04.1
耀眼的镁元素

我是一种金属，体态轻盈，因此在航天飞行器、汽车等的制造上总是少不了我。我生得一副"好模样"，呈银白色，可以在空气中燃烧，发出耀眼的白光。相信看到这里，你一定能猜出我的一个用途。没错，那就是用来制作烟花！烟花中最亮的白光就是由于我的燃烧而出现的。

04.2
豆腐中的镁

此外，我还跟"吃"扯上了关系。豆浆香气浓郁，再加一点儿卤水就变成了美味的豆腐。这种"卤水"中含有氯化镁，它能使豆浆中的蛋白质凝结，形成豆腐。哈哈，我是不是很厉害？

04.3
植物中的镁

如果我只有上面几个用途，还不足以拥有如此大的名气。在生物界，我是对植物至关重要的元素。植物体内的叶绿素吸收太阳光，通过光合作用产生营养物质，而我就是构成叶绿素的必要成分之一。

耀眼的镁元素

05 汞——我是汞，有剧毒，液态金属我带头

我是汞（Hg），俗称水银，位于元素周期表第 80 位，是一名非常有特色的成员，我的"骂名"流传千年。生活中哪里可以见到我这个"大反派"呢？聪明的你一定猜到啦——水银体温计。

05.1
能屈能伸的我

水银体温计的前端有一段银白色的"金属头"（实则是玻璃），那里面就装着我。我是唯一一种在常温下呈液态的金属，由于我的表面张力大，所以大都呈现出小圆球状态，流动性强。为什么我能被用来制作体温计呢？那是因为我可以随着温度的升高，体积成比例地膨胀；当温度下降时，我又会缩回去，人们可以根据我的伸缩来判断体温。

05.2
绝命毒素

据文献记载，古代炼金术士将我当成能够使人长生不老的仙药，然而我其实是有剧毒的！我很容易被人的皮肤以及呼吸道和消化道吸收，可以在人体内积累富集，损害中枢神经系统。曾经轰动世界的"水俣病"就是由水银污染环境引起的。所以，大家使用水银体温计时一定要小心，不要打碎了。

(05.1)

能屈能伸的我

06 化学魔术师——"无中生有"

魔术师们凭空变出一朵花、一只鸽子、一个人，让我们感到非常新奇。我们没有魔术师们的高超技艺，但是在化学世界里，每个实验人员都可以是一位"魔术师"，能用原有的东西变出新的物质，这个魔术就是化学反应，而用来表示化学反应的"通用语言"被称为化学方程式。

06.1 什么是化学方程式？

用化学式来表示物质化学反应的式子就是化学方程式。下面举一个例子说明化学方程式：

$$2H_2+O_2 \xrightarrow{\text{点燃}} 2H_2O$$

这个式子可以这样理解：4个氢原子和2个氧原子在点燃条件下生成了2个水分子。

在这个化学方程式中，H_2和O_2是"反应物"，也就是我们现有的物质；而H_2O则是"生成物"，是我们点燃反应物生成的物质。

06.2 发现规律

大家仔细观察一下这个式子，不难发现，两个反应物分别为H、O两种化学元素，而在新的生成物中，也只有H、O两种化学元素，这是化学反应的一个特色——元素守恒，也就是不管反应过程如何，反应物跟生成物的化学元素都是不变的。

06.3 "疯狂"的卫生球

现在给大家五种材料：水、醋、小苏打（在很多人家里的厨房中就可以找到）、卫生球（衣柜中就可以找到）和玻璃杯。我们一起来看看会有怎样的神奇现象。

实验操作：将卫生球放到一个装有醋和小苏打的水溶液的玻璃杯里。

实验现象：开始时，卫生球一直"沉睡"在杯底，可是，过一会儿，它就变得不安静了，在玻璃杯里上下跳动，好像发狂了一样。

这是为什么呢？

"疯狂"的卫生球

06.4
泡沫喷泉

实验材料：醋、小苏打、空的塑料瓶（没有盖子）、温水、洗洁精、食用色素（非必须）。

实验操作：

1. 在瓶子里装入温水，再加一些洗洁精。

2. 往瓶子里加入一些小苏打（几汤匙），用手按住瓶口，摇一摇瓶子，使瓶中充满泡沫，然后滴上一点儿食用色素。

3. 加入一些醋，不要用盖子密封瓶口，以免发生危险。

实验现象：出现泡沫喷泉。

06.5
真相只有一个

其实，前面的这两个小实验涉及的化学反应是一样的：

$$CH_3COOH+NaHCO_3 =\!\!=\!\!= CH_3COONa+CO_2\uparrow +H_2O$$

醋与小苏打发生化学反应，生成物中有二氧化碳气体，它就是导致卫生球上下跳动以及泡沫喷泉的幕后主使。

实验一（06.3）中，醋和小苏打反应生成了二氧化碳气体，大量的小气泡沾在杯底和杯壁上，卫生球也沾满这种小气泡。当卫生球表面附着的小气泡足够多时，卫生球就像溺水者抓到了救生圈一样，直往上升。而当卫生球升到水面时，附着在卫生球表面的小气泡会破裂，卫生球失去了"救生圈"，于是又沉回杯底，等再附着足够的小气泡时，又浮了上来。这样循环往复，卫生球便不停地上下跳动。

实验二（06.4）中，醋和小苏打会迅速反应，生成二氧化碳气体，这些气体推动泡沫膨胀上升。塑料瓶的狭窄瓶口使得泡沫形成一个"间歇泉"。可以加入食用色素来改变喷泉的颜色。

泡沫喷泉

二、空气的组成

07 认识空气

空气是我们每时每刻都呼吸着的"生命气体"，它分层覆盖在地球表面，对人类的生存和生产有重要影响。现在我们随手抓一把空气，看不见；嗅一嗅，没有气味。我们一点儿也察觉不到空气。你知道空气是由什么物质组成的吗？空气看不见摸不着，科学家们又是如何测得空气成分的呢？

我们一起来学习吧！

07.1
你了解身边的空气吗？

空气是指地球大气层中的气体混合物，由氮气（N_2），氧气（O_2），稀有气体氦（He）、氖（Ne）、氩（Ar）、氪（Kr）、氙（Xe）、氡（Rn），二氧化碳和其他物质（如杂质）混合而成。空气的成分按体积计算，其中氮气约为78%，氧气约为21%，稀有气体等约占1%。当气压改变或者人类生活、生产中使用了大量化石燃料时，空气的成分比例会发生改变。

07.2
空气的认知史

长期以来，人们认为空气只是某种单一的物质。直到18世纪，人们通过对燃烧现象和呼吸的深入研究，才开始认识到气体的多样性和空气成分的复杂性，于是开始测量空气中各种成分所占的比例。

你了解身边的空气吗？

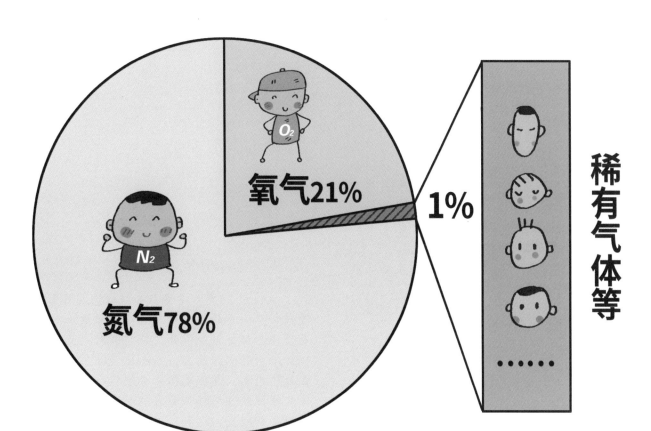

氧气21%

1%

稀有气体等

氮气78%

23

空气的成分（按体积计算）

寻找燃素的历程

你有没有想过，木材为什么可以在空气中熊熊燃烧呢？几百年前的化学家们也对这件事情非常好奇。

08.1
空气中的可助燃与阻燃成分

18 世纪 70 年代初，英国化学家丹尼尔·卢瑟福在密闭容器中燃烧磷，除去了容器中可支持燃烧和可供动物呼吸的气体。他对剩下的气体进行了研究，发现这种气体不能维持生命，可以灭火。他把这种气体叫作"浊气"。英国化学家普利斯特里也了解到木炭在密闭容器中燃烧时，能使空气中 1/5 体积的气体变为"碳酸气"，用石灰水吸收"碳酸气"后，剩下的气体不能支持燃烧，也不能供动物呼吸。他们把剩下的气体称为"被燃素饱和了的空气"（即氮气）。

08.2
与发现氧气失之交臂

18 世纪 70 年代中期，普利斯特里用凸透镜来加热一些物质，研究这些物质被加热后是否会分解并产生气体。他将氧化汞放在玻璃钟罩内的水银面上，用凸透镜把阳光聚焦在氧化汞上，发现氧化汞分解释放出一种气体。他把燃烧的蜡烛放在这种气体里，发现火焰更加明亮。这种气体其实就是氧气。但他和丹尼尔·卢瑟福等科学家都坚信"燃素说"，认为这种气体不含燃素，只是有特别强的吸收燃素的能力，能够支持燃烧。他把这种气体（氧气）称为"脱燃素空气"。

与发现氧气失之交臂

08.3
根深蒂固的燃素说

燃素说认为，燃素是一种气态的物质，存在于一切可燃物中，燃素在燃烧过程中从可燃物中飞散出来，与空气结合，从而发光发热，这就是火。蜡、木材、煤等都是富含燃素的物质，所以它们很容易燃烧；而石头、铁、黄金等都不含燃素，所以它们不能燃烧。

虽然后来燃素说被证实是错误的，但在18世纪中叶燃素说是化学界公认的观点。

08.4
"火气"

事实上，在普利斯特里之前，瑞典化学家舍勒就发现了氧气。他用多种方法制得了一种气体，即现在所说的氧气。他把这种气体称为"火气"，认为火是火气与燃素生成的化合物。

08.5
为氧气正名

法国化学家拉瓦锡在实验过程中，非常重视化学反应中物质质量的变化。当他知道了普利斯特里发现的气体后，就做了研究空气成分的实验。他摆脱过去错误理论的束缚，努力创新，做出科学的分析和理性的判断，揭示了燃烧是可燃物与氧气的化合反应。

根深蒂固的燃素说

09 空气大家族

对于这看不见摸不着的空气，伟大的化学家们花费了几百年的时间去研究。

09.1 命名

18世纪70年代后期，拉瓦锡在接受其他化学家的见解和认识的基础上，通过精细的实验，揭示了空气的奥秘。他将空气中支持燃烧、可供动物呼吸的一部分气体命名为氧气，不能支持燃烧、不能供动物呼吸的另一部分气体命名为氮气，其中氧气约占空气总体积的1/5。

09.2 新的气体

18世纪80年代中期，英国化学家卡文迪许在氧气和空气的混合气体中引入电火花，使空气中的氮气跟氧气化合，再用氢氧化钠溶液吸收生成的氮氧化物，他发现残留的一小部分气体不能与氧气发生化学反应。但这"一小部分气体"当时并没有引起科学家的重视。

命名

09.3
百年后的再次发现

百余年后，英国物理学家瑞利发现从含氮的化合物中制得的氮气每升重 1.2505 克，而从空气中分离出来的氮气在同一环境条件下每升重 1.2572 克。虽然这两个数值相差极小，但瑞利认为空气中一定含有尚未被发现的气体。

科学家们真的是极其严谨！

09.4
发现稀有气体

瑞利决定重做卡文迪许"在氧气和空气的混合气体中引入电火花，使空气中的氧气和氮气化合"的实验。与他合作的英国化学家拉姆塞先除掉空气中的二氧化碳、水和氧气，再用镁粉吸收其中的氮气，最后仍得到一些残余气体。经过多方面试验，证明这是一种新元素，不易与其他物质发生反应，后定名为氩（Ar）。

后来，经过多位科学家的不断实验和探究，又发现了空气中的其他稀有气体氦（He）、氖（Ne）、氪（Kr）、氙（Xe）、氡（Rn）。

科学每前进一小步，都源于众多科学家的巨大努力。

发现稀有气体

31

三、物质的构成和分类

10 分子

警犬为什么能追踪罪犯的踪迹？衣柜里的卫生球为什么放一段时间就会慢慢变小，继而不见了呢？为什么在装有水的水杯里滴一小滴红墨水，一整杯水都变成红色了呢？这都是为什么呢？

一起来看看吧！

10.1
什么是分子？

分子是物质中独立存在的，并能保持该物质化学性质的最小粒子。分子的质量和体积都很小。分子间有一定的作用力。分子在永不停歇地做无规则的运动。

10.2
永不停歇的分子运动

红墨水中含有红色的染料，这种染料的分子会在静置的水中自由扩散，于是水杯中的水慢慢变成红色。

湿衣服上的水分子不断运动，扩散到空气中，衣服慢慢地变干了，这种现象叫"蒸发"（液体变为气体的物态变化）。

这些都是分子在永不停歇地做运动的例子。

10.3
分子与气味

我们能够闻到气味，是因为物质的气味分子透过空气，进入鼻子，接触到鼻子中的嗅觉神经细胞。不同的气味分子对嗅觉神经细胞产生的刺激不同，大脑据此来识别不同的气味分子。警犬在追踪犯罪分子时，就是利用鼻子不断捕捉犯罪分子遗留下来的某些有特征的气味分子。

原子

分子是一种肉眼看不见也摸不着的极其微小的粒子，还有比分子更小的粒子吗？

一起来看看比分子更小的粒子——原子的奇妙故事吧。

11.1
原子的发现

早在 2000 多年前，古希腊著名哲学家德莫克利特便提出了"原子"这一概念，意思是"不可分割"。放射性元素被发现后，人们意识到原子也并非"不可分割"。科学就是这样神奇，人们不断地探索，认知也会不断改变。随着科学的不断发展，人们逐渐认清了物质结构的真面目。

11.2
原子有核模型的建立

1911 年，英国物理学家恩斯特·卢瑟福提出了原子的"有核模型"。就像我们吃的桃子，中间有桃核，他认为原子中有一个集结了原子大部分质量、带正电荷的原子核，而带负电荷的电子在核外绕核运转，就像行星环绕太阳运转一样。1913 年，他的学生通过反复实验，证实了原子有核模型的正确性。

原子有核模型的建立

11.3
质子和中子

20 世纪初，科学家们发现原子核虽然体积极其小，但内有乾坤。它由两种更小的微粒组成。这两种微粒分别是质子和中子。每个质子带 1 个单位正电荷，中子不带电。不同原子的原子核中含有不同数量的质子和中子。比如氢原子的原子核只有 1 个质子，没有中子；氧原子的原子核有 8 个质子，8 个中子。

11.4
水分子的结构

水分子是如何构成的呢？氢分子（H_2）由两个氢原子组成，氧分子（O_2）由两个氧原子组成，在点燃条件下，氢分子和氧分子中的原子松开了"手"，又以两个氢原子"拉住"一个氧原子的形式组合在一起，从而变成了水分子。所以每个水分子是由两个氢原子和一个氧原子组成的。

(11.4)

水分子的结构

同素异形体——一母生九子，九子各不同

铅笔是我们笔袋里必备的学习用具。铅笔的名字里为什么有"铅"字呢？它的黑色的芯是用金属铅做的吗？

12.1
"黑铅"的发现

据说，很多年以前，在英国某地，有一天大风刮倒了一棵大树，一个牧羊人路过，看见树坑里面有许多黑黢黢的石头。好奇心驱使他用手去摸了摸那石头，结果手指被染成了黑色。于是牧羊人就用这种黑石头在绵羊身上画记号。后来这种黑石头被人们称作"黑铅"。

12.2
买卖"打印石"

再后来，一些人在"黑铅"上打起了小算盘。他们挖掘出这种黑石头，把黑石头切割成便于携带的条状，取名为"打印石"，然后把它们卖给做买卖的人，供他们在货物的外包装上标记、写字。一段时间以后，打印石的买卖居然做到国外去了。

12.3
铅笔的诞生

据说，拿破仑统治法国时期，因为英国和法国开战，法国人买不到英国的打印石，拿破仑便命令化学家们解决这个难题。接到任务后，化学家们想尽办法，最后把仅存不多的"打印石"磨成细粉，再加上黏土，制成一根根黑铅芯。这种黑铅芯不易折断，还耐用，唯一的缺点是，用这种黑铅芯写字容易把手染黑。

美国有一位聪明的木匠对这种黑铅芯做了改进。他做了两根刻有凹槽的木条，在里面插上一根黑铅芯，再把它们粘在一起。世界上第一支现代意义上的铅笔由此诞生了。

12.4
铅笔里的黑铅芯到底是什么?

其实，这种黑铅芯与金属铅没有任何关系，它的官方大名为"石墨"，是完全由碳元素组成的单质（即由同种元素组成的纯净物）。可是铅笔这个名字已经用了很久，所以直到今天还保留着。

如果告诉你石墨和钻石都是由碳元素组成的，你一定会发出质疑：石墨为黑灰色、不透明、有滑腻感，怎么可能和晶莹剔透又坚硬无比的钻石一样，都是由碳元素构成的呢？是不是搞错了呢？

12.5
"硬度之王" —— 金刚石

钻石由纯净的金刚石打磨而成。金刚石和铅笔芯一样，都是由碳元素组成的物质，只是两者的原子排列方式不同。1个碳原子可以和周围的4个碳原子手牵手结合起来，而被结合的碳原子，也会和其他相邻的4个碳原子结合。如此不断地结合，碳原子就会形成稳固的正四面体，最后变成金刚石。金刚石的碳原子紧紧地连接在一起，要让它改变形状，十分困难。所以，金刚石有"硬度之王"的称号。

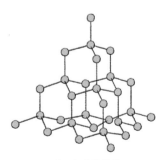

金刚石的结构

"硬度之王" ——金刚石

12.6
可以"滑动"的石墨

石墨中的碳原子是一层层排列的，碳原子在同层里手拉着手，紧密相连，但是层和层之间的结合却松散得多，就像把扑克牌叠在一起一样，轻轻推动，彼此之间就滑动开来。用石墨在纸上画一下，会留下黑色墨痕，金刚石却不能。金刚石与石墨的差别如此大，其中的奥秘就在于它们的原子排列方式不同。

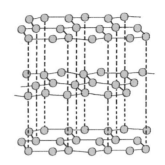

石墨的结构

12.8
红磷和白磷

红磷和白磷是磷的两种同素异形体。它们的着火点分别在240℃左右和40℃左右。两者充分燃烧之后的产物都是五氧化二磷。白磷有剧毒，可溶于二硫化碳；红磷几乎无毒，不溶于二硫化碳。

12.7
什么是同素异形体？

同素异形体是指由同样的单一化学元素组成，因原子排列方式不同，而具有不同性质的单质。同素异形体之间的性质差异主要表现在物理性质上，它们的化学活性也有差异。金刚石、石墨就是碳元素的同素异形体。

同素异形体在一定条件下可以相互转化。物质间相互转化会发生能量变化，吸收或者释放能量。

可以"滑动"的石墨

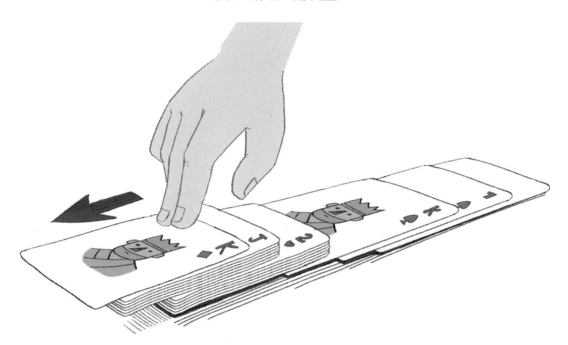

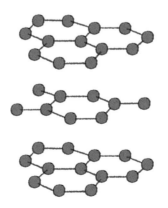

13 物质的分类

对身边的各种事物，我们可以根据不同的标准来分类。比如我们可以把物质按照存在的形态分为液体、气体和固体；也可以把物质按照颜色分为红色的、黄色的、蓝色的、绿色的等。那么我们怎么用化学的方法来给物质分类呢？一起来看看吧！

13.2
化学界的物质分类

在自然界中，用化学的方法可以把物质分为两大类：纯净物和混合物。纯净物是由一种物质组成的，如氧气（O_2）、二氧化碳（CO_2）等；而混合物是由不同物质混合而成的，如空气、海水等。根据物质所含的元素种类来划分，纯净物又可分为单质和化合物。如果一种物质是由同种元素构成的，那么它就是单质，比如氢气、氧气、铁、铜（Cu）、铝（Al）、金（Au）、银（Ag）等。化合物则是由两种或两种以上的元素组成的纯净物，如水（H_2O）、二氧化碳（CO_2）、小苏打（$NaHCO_3$）等都是化合物。

13.1
如何认识物质

化学世界绚丽多彩，各种物质千姿百态，目前已知的物质超过千万种，每年还有大量新物质被人工合成出来。这么多的物质，我们该如何去认识呢？

分类法被人们在日常生活中普遍应用。使用分类法可以提高我们工作和学习的效率。化学家们也会根据元素组成对众多的物质进行分类研究。

化学界的物质分类

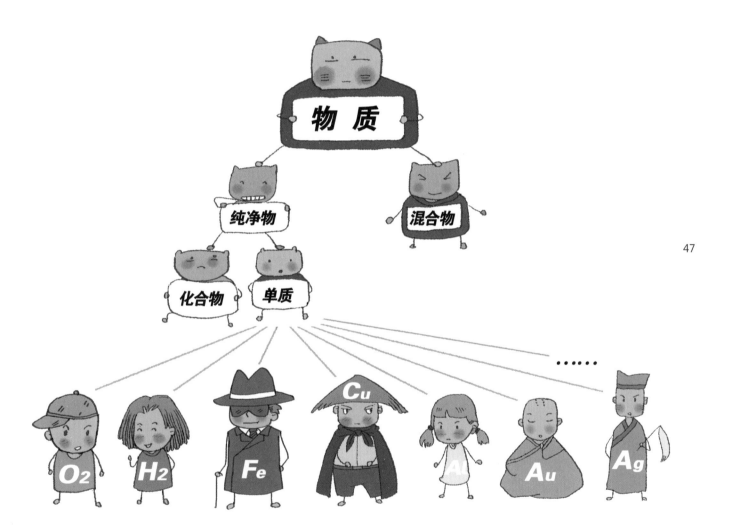

四、生活中的化学

物质的酸碱性

"酸"对你来说一定不陌生。调味用的食醋有酸味，是因为食醋里含有醋酸；一些水果（比如柠檬、橙子等）尝起来有酸味，是因为水果中含有各种果酸。"碱"对你来说可能不如酸那样熟悉，不过你也可能遇到过，石灰水中含有氢氧化钙，炉具清洁剂中含有氢氧化钠，它们都属于碱。那么，对于一种物质，我们如何通过化学的方法去判断它的酸碱性呢？

14.1
变红的紫罗兰

300多年前的一天清晨，年轻又浪漫的英国科学家波义耳随手摘下一朵蓝色的紫罗兰放在实验桌上。做实验的时候，他不小心把少许盐酸溅到了紫罗兰的花瓣上。他觉得毁掉一朵美丽的鲜花太可惜了，于是马上把花放到水里冲洗。过了一会儿，他发现紫罗兰花瓣的颜色变红了。他既好奇又兴奋，犹如哥伦布发现新大陆。他猜测可能是盐酸使紫罗兰花瓣的颜色变红。为进一步验证这一猜想，他又拿了几朵紫罗兰到实验室，用当时已知的几种酸性溶液进行实验，结果紫罗兰都变为红色。

14.2
举一反三

经过反复实验，波义耳推断：不仅盐酸，其他各种酸都能使紫罗兰变为红色，酸性溶液是有共性的！这真是太重要了，以后只要把紫罗兰花瓣放进未知的溶液中，就可判别这种溶液是不是酸性的。

偶然的一个发现，激发了科学家的探求欲望。科技的进步就得益于这样的探求欲望。所以大家在生活中一定要擦亮眼睛，保持好奇心。

(14.1)

变红的紫罗兰

14.3
发明石蕊试剂

不断追求真知的波义耳为了获得丰富、准确的第一手资料，还采集了其他植物，如牵牛花、苔藓、月季花等，制成多种浸液。通过进一步实验，他发现有些浸液遇酸性溶液变色，有些浸液遇碱性溶液变色。有趣的是，他从石蕊中提取的紫色浸液，酸性溶液能使它变成红色，碱性溶液能使它变成蓝色，于是石蕊浸液就成了最早的酸碱指示剂。

14.4
酸碱检测试纸的发明

为了方便使用，聪明的波义耳用一些石蕊浸液把小纸片浸透，然后烘干，使用时只要将小纸片放入被检测的溶液，就可以根据纸片上颜色的变化，判断溶液是酸性、碱性还是中性。我们现在在化学实验中使用的pH试纸，就是根据这样的原理制成的。后来，随着科学技术的进步和发展，其他指示剂也相继被科学家发明出来。

14.5
植物也会变色

叫上爸爸妈妈，按照下述步骤，动动我们的小手，一起来自制"酸碱指示剂"吧。

1. 取几种植物的花瓣或果实（如紫甘蓝、牵牛花、月季花等），分别放在容器中捣烂，加入医用酒精浸泡。

2. 用纱布将浸泡出的汁液滤出，得到指示剂。

3. 在指示剂中分别滴入白醋、石灰水、雪碧、苏打水、食盐水，观察溶液颜色的变化。

根据化学原理，你会发现：能使指示剂变红的溶液（白醋和雪碧）呈酸性；能使指示剂变蓝的溶液（苏打水和石灰水）呈碱性；不能使指示剂变色的溶液（食盐水），既不呈酸性，也不呈碱性，而是呈中性。

发明石蕊试剂

帮妈妈去渍

妈妈新买了一件漂亮衣服，刚穿上就沾上了污渍，很不美观。她有点儿不开心，怎么办呢？

15.1
我是清洁小能手

实验材料：食用碱、酒精、柠檬、食盐水、洗涤剂。

实验操作：

1. 去汗渍

在适量的水中加入少量的食用碱，搅拌溶解后，将有汗渍的衣服放在里面浸泡一会儿，然后用洗涤剂搓洗。

2. 去油渍

在衣服的油渍上滴上酒精，待酒精挥发完，再用洗涤剂搓洗。

3. 去蓝墨水污渍

在适量的温水中加入几片柠檬，将有蓝墨水污渍的部位放在水中浸泡十几分钟，然后用洗涤剂搓洗。

4. 去果汁渍

刚染上果汁渍的衣服用食盐水浸泡后，再用洗涤剂搓洗。如果染上的时间较长，则可以用去汗渍的方法。

实验现象：污渍消失。

为什么加入这些物质就能去掉污渍呢？

15.2
去渍实验原理

因为汗渍、果汁渍都呈酸性，而食用碱是碱性物质，洗涤时，两者发生酸碱中和反应，生成易溶于水的物质，所以汗渍和果汁渍就被洗掉啦！我们吃的食用油是脂类物质，属于有机物，而酒精也是有机物，因此可以用酒精去除油渍。蓝墨水呈碱性，而柠檬是酸性物质，所以洗涤剂加上柠檬，更容易去除蓝墨水污渍。

15.3
奇妙的化学洗涤剂

此外，大家会发现，在去除污渍的时候，我们还用到了洗涤剂，那么洗涤剂到底发挥着什么作用呢？洗涤剂的去污能力主要来自表面活性剂。表面活性剂的分子结构既具有亲油端，又具有亲水端。洗涤时，表面活性剂分子的亲油端牢牢吸附在织物的油污上，其亲水端则将吸附的油污拉离织物；在外力（如搅拌、揉搓）的作用下，油污离开织物，进入水中。

我是清洁小能手

16 久置的食物

相信大家都有这样的经历，刚买回来的葡萄酸甜可口，放了几天后，葡萄会腐烂变质。如果你足够细心的话，还会发现变质的葡萄散发出轻微的酒香味。回想这些细节，我们不由得发出疑问：放了几天的葡萄为什么在腐烂后会有酒香味呢？

16.1
酒香味源自发酵

葡萄在腐烂后产生酒香味的原因是：葡萄中的葡萄糖在酵母菌的作用下被转化成了酒精，这个过程被称为酒精发酵。酵母菌是一种在自然界中分布极其广泛的微生物，尤其在一些含糖量较高的水果中，酵母菌更容易繁衍滋长。

需要注意的是，腐烂的水果不能食用，因为其中可能含有有害的细菌和毒素。因此，我们应该选择新鲜的水果来食用。

16.2
陈酒醇香的秘密

你可能听大人说过，白酒越陈越香。年份长的白酒往往非常珍贵，为什么呢？

白酒越陈越香归功于一种特殊的物质——乙酸乙酯（$C_4H_8O_2$）。新酒中这种物质的含量微乎其微。在合适的条件下，白酒通过缓慢的化学反应，生成乙酸乙酯，使得白酒更为醇香。

陈酒醇香的秘密

C₄H₈O₂

16.3
苹果果肉变色等于苹果变质？

实验材料：苹果。

实验操作：将苹果咬一口后，放在桌子上，半个小时后观察苹果的变化。

实验现象：被咬过的部位的果肉变成褐色。

苹果果肉遇到空气后，会慢慢变成褐色。苹果果肉变色的原因是果肉中的一些物质与空气中的氧气发生氧化反应。果肉颜色也是随着氧化的程度而逐渐加深的。

虽然苹果果肉变色会降低人的食欲，但轻微氧化的苹果还未变质，不会对人体造成不良影响。

16.4
厚积薄发的化学反应

白酒越陈越香，苹果果肉变成褐色，其实都是化学反应的结果。有些化学反应非常隐秘，悄无声息地进行，一点点积蓄力量，当你发现的时候，它已经变得"面目全非"了。

苹果果肉变色等于苹果变质？

水垢的形成与去除

你有没有观察过家里的电热水壶？如果没有的话，赶紧看看，里面可能藏着一个"大魔王"。

17.1
水中的"大魔王"

大家好，我们是拥有无边魔力的"大魔王"（如钙离子、镁离子等），我们擅长使用隐身术藏匿在水中，平时你不会发现我们。当水被加热到一定温度时，我们会找到自己的"魔器"（如碳酸根离子），催动"魔力"，现出真身，结成水垢，附着在烧水壶里，或者漂浮在水面上，如此，大家就会看到我们了。大家都觉得我们很讨厌，以为我们会对人类的健康产生不良影响，其实少量的水垢对人体是无害的。

17.2
水垢的庐山真面目

水垢的主要成分为碳酸镁、碳酸钙、氢氧化镁等。少量的水垢进入人体后，强大的胃酸会与水垢起反应，水垢被溶解，所以短时间内少量的水垢不会对人的身体有特别影响。不过，烧水壶用久了，水垢会累积在壶的内壁上，阻碍热传导，延长水的煮沸时间，浪费能源。

"胃酸"这种酸性物质可以溶解水垢，你有没有从中受到启发？如何更科学地去除烧水壶中的水垢呢？

水中的"大魔王"

17.3
我是妈妈的小帮手

实验材料：带有水垢的烧水壶、食用白醋。

实验操作：

1. 将适量的白醋倒入烧水壶，放置半个小时左右，放置期间不定时摇晃水壶。

2. 将白醋倒出，用清水冲洗烧水壶。

实验现象：水垢不见踪影。

17.4
白醋去除水垢的化学原理

用白醋去除水垢，利用的是一个常见的化学反应原理。

白醋是一种酸性物质，而水垢的主要成分是碳酸钙、碳酸镁、氢氧化镁等，白醋可以跟它们发生化学反应，使水垢变成能够溶解于水的物质，这样就能轻松地将烧水壶清洗干净。

17.5
会"消失"的白醋

看到这里，你有可能会提出疑问：虽然水垢被去除了，但烧水壶里会不会留下白醋的味道呢？

哈哈，爱思考的你提出了一个好问题！白醋是一种液体，可以跟水很好地溶在一起，用白醋清理水垢后，再用干净的水冲洗几遍就可以完全去除它了。除了白醋，你也可以用柠檬水、可乐、雪碧等酸性液体来清除水垢。清洗过程中，微微加热，能加快去除水垢的速度。快去厨房和妈妈一起试试吧！

我是妈妈的小帮手

食品中的化学

某些膨化食品包装袋里充满气体，鼓鼓的，看上去好像一个小"枕头"。海苔、米饼、干果类食品的包装袋里都有一个小小的白色包装袋，上面写着"请勿食用"……爱吃零食又爱思考的你，动动脑筋想一下这些都是为什么呢？

18.1
食品包装袋里
为什么装了神秘气体？

食品包装袋里充入气体可以减缓食品的氧化速度，使食物保鲜；可以防潮；还能防止食品被压碎，保持食品的形状。充入的气体都是无毒、无味、化学性质稳定、不与食品发生化学反应的气体，比如氮气等。

18.2
不可食用的双吸剂

现在许多食品都采用密封包装，但包装袋中的空气仍会使食品氧化、受潮变质，因此一些食品包装袋中需放入适量的"双吸剂"，以使食品保质期更长。

双吸剂是什么呢？双吸剂也叫干燥剂，主要成分是铁粉、活性炭等，能吸收氧气与水分。千万记住，双吸剂不可食用！

不可食用的双吸剂

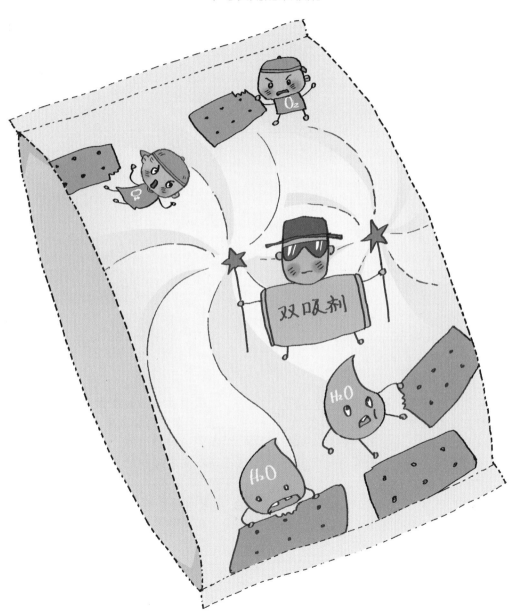

18.3
食品添加剂

人们为了使食物更加鲜美可口，往往会添加一些食品添加剂。

食品添加剂是指为了改善食品品质，或为了食物的色、香、味，或为了满足防腐、保鲜和加工工艺的需要，加入食品中的化学合成物质或天然物质。

18.4
食品添加剂是一把双刃剑

食品添加剂对人体有害吗？谈这个问题不能抛开剂量，大多数食品添加剂只要在适当剂量内，都可放心使用，如味精（主要成分为谷氨酸钠）。有一些食品添加剂虽允许使用，但对人体有一定的危害，如制作火腿、腊肉和香肠时使用的亚硝酸钠是一种较强的致癌物质，但至今也没有理想的替代物，所以仍允许限量使用。

过氧化氢水溶液（H_2O_2，俗称双氧水）具有杀菌和漂白作用，但也有致癌的作用。一些甜味剂、食品着色剂也有致癌、致畸作用，应尽量少食用含有此类添加剂的食品。

所以，有些食物虽美味，但为了健康，切勿多吃。

食品添加剂是一把双刃剑

五、我是小小侦探家

19 突发的火灾

有一个庄园，地里的土壤酸化十分严重，庄稼都种不活。庄园主为了改良土质，在自家货棚里储备了一些生石灰。生石灰的主要成分为氧化钙（CaO），呈碱性，可用来改良酸性土壤。有一天，两只调皮的小猫溜进了货棚……

19.1
案件回顾

两只小猫在货棚里尽情地嬉戏玩耍，其中一只小猫在生石灰上撒起尿来。突然旁边的物品噗的一下着起火来，并冒出一股热气。顷刻工夫，庄园主的货棚也着火了。仆人把着火的事情报告给庄园主，庄园主怀疑有人暗中使坏，就请附近非常有名的私家侦探来调查。经过两次实地调查，私家侦探排除了人为的可能，但货棚起火的原因始终没有找到。庄园主觉得非常蹊跷。

19.2
难道是天灾?

正当调查没有进展的时候，一具被烧焦的小猫尸体引起了侦探的注意。经过勘查，他做出判断：货棚起火是小猫的一泡尿所致，小猫也为此付出了惨痛的代价。

可这究竟是为什么呢? 真相是：生石灰和水会发生剧烈的化学反应，生成熟石灰，反应过程中会释放大量热量，温度可达到700℃，高温引燃旁边的可燃物，于是引起了一场火灾。

19.3
神奇的自热火锅

大家吃过自热火锅吗？自热火锅便于携带，而且配有小巧的加热包，人们可以随时随地吃到热乎乎的火锅。市面上的自热火锅使用的加热包成分大多是生石灰、碳酸钠、硅藻土、铁粉、铝粉、焦炭粉、盐等。有的商家还会加入一些活性炭，加快发热速度。

19.4
自热火锅为什么能自己发热？

自热火锅的发热原理其实很简单，加热包中的生石灰（氧化钙）遇水会发生化学反应生成熟石灰（氢氧化钙），释放大量热能并产生水蒸气，足以加热食物。

大家在使用自热火锅的加热包前，应先检查加热包是否密封，加热包如有泄漏就不安全了。另外，盒盖上的小气孔是用来排出盒内的水蒸气的，千万不要堵住这个小气孔。

神奇的自热火锅

乔迁之"喜"

20.1
案件回顾

王先生买了一套房子，装修后便搬了进去。一个月后，他的妻子看中了一套家具，当天买回来，摆放在卧室。过了几日，一天早晨5点钟时，夫妻俩开始头痛、呕吐。拨打120后，两人被送到了医院。医生说可能是食物中毒了，过了好久两人才恢复正常。他们仔细回想，最近也没有吃错什么东西，只是搬了新家，买了新家具。"毒"从哪里来的呢？

王先生想起有新闻报道说，有人搬入新家后甲醛中毒。于是王先生请人到家里进行检测，结果发现放置新家具的房间甲醛浓度为 $2.01mg/m^3$，而国家标准规定，室内甲醛最高允许浓度为 $0.08mg/m^3$，甲醛浓度超标 24 倍多。而安放旧家具的房间，甲醛浓度仅为 $0.04mg/m^3$。原来是新家具让他们吃了大苦头。

20.2
为什么甲醛会出现在家具里？

人造板是家具中常见的板材。目前，世界各国生产的人造板（包括胶合板、大芯板、中密度纤维板和刨花板等）主要使用脲醛树脂为胶黏剂，而脲醛树脂则以甲醛和尿素为主要原料。

20.3
甲醛的两面性

甲醛，也叫蚁醛，是一种无色、具有刺激性气味的气体，易溶于水。浓度为35%~40%的甲醛水溶液（又称福尔马林）具有杀菌和防腐作用，是一种良好的杀菌剂。福尔马林常用来浸制生物标本，还可用于浸种，给种子消毒。

甲醛广泛应用于塑料工业、合成纤维工业、制革工业等。但如果使用不当，就会给人体带来伤害。

20.4
甲醛的释放

室内空气中的甲醛浓度与室内温度、室内相对湿度、室内材料的装载度（即每立方米室内空间的甲醛散发材料表面积）、室内空气流通量等有关。高温、高湿环境会加剧甲醛的挥发。通常情况下，装修材料所含甲醛的释放期可达3~10年之久。所以入住新家前，建议做甲醛检测。

20.5
怎么去除室内的甲醛？

1. 加强室内外空气的流通，可以降低室内空气中甲醛等有害物质的含量，从而减少此类物质对人体的危害。如若紧闭门窗，室内外空气不能流通，室内空气中甲醛的含量就会增加。

2. 利用甲醛除味剂（如活性炭、硅藻纯等），吸附室内的有害污染物，净化空气，消除异味。

甲醛的两面性

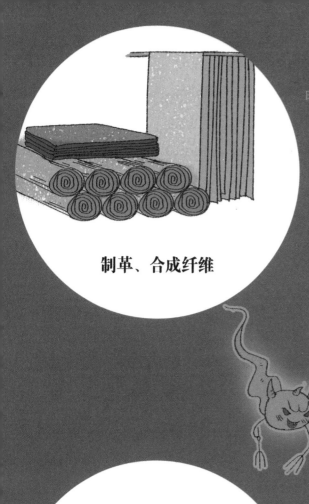

制革、合成纤维

福尔马林

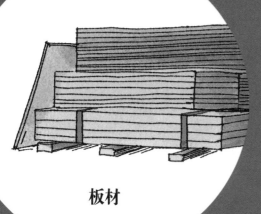

板材

汽车内饰

钻石失窃案

很久以前发生过这样一件事：著名的珠宝商王太太收藏着一颗罕见的钻石，她特别喜欢向大家炫耀。这颗钻石成了她招揽生意的法宝，也引来了其他人的妒忌……

21.1
珍宝箱里的钻石

有一天，王太太邀请三位商人朋友来做客，并把他们迎进自家的珍藏室。王太太一边炫耀地介绍，一边打开珍宝箱。那颗闪闪发亮的钻石，闪得客人们睁不开眼。大家纷纷夸奖王太太有眼光。随后，王太太心满意足地合上珠宝箱，用一张涂满糨糊的白色封条将其封好，然后邀请客人们到客厅叙谈和品尝美食。

言谈间，细心的王太太了解到，三位商人朋友的右手拇指恰好都有点儿小毛病：昭伦的拇指有点儿发炎，紫君的拇指曾被毒虫咬过，建明的拇指则被划破了。看得出来，三位朋友来访前都用药水抹过手指。

21.2
钻石失窃！

主宾相谈正欢时，王太太的朋友化学博士张先生来访，他跟三位客人握手寒暄。随后，王太太陪同张博士前往珍藏室去看她的宝贝钻石。王太太撕下湿漉漉的白色封条，打开箱盖后，发现钻石竟然不见了。"我的天呐！"王太太大喊一声，差点儿昏过去。张博士连忙扶住王太太，问明经过，安慰她说："别急！事情总会水落石出的。我一定帮你找回钻石。"

他扶着王太太来到客厅，把钻石失踪的事向三位客人说明，意味深长地看着三人说："贵客们，这调皮的钻石，会不会飞到你们手里了？"三位客人耸耸肩，双手一摊，惊讶地说道："这怎么可能！我们绝对不可能干出这种事！不可能！"

珍宝箱里的钻石

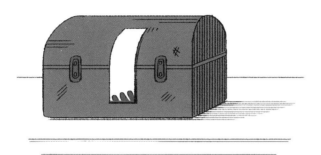

发炎

划破

被毒虫咬过

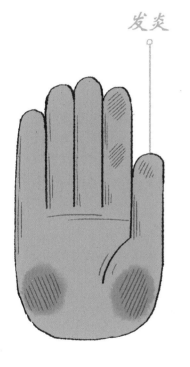

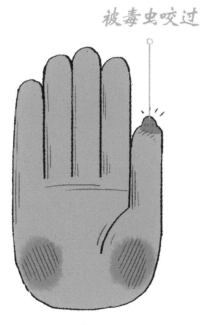

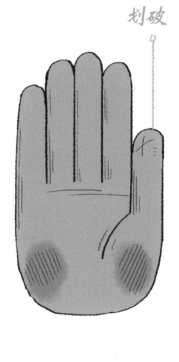

昭伦   紫君   建明

21.3
真相只有一个

张博士锐利的目光从三人的手掌上一扫而过，然后指着紫君说："盗窃钻石的就是你！"

原来，张博士同三人握手的时候，细心的他发现这三人的拇指上涂有不同颜色的药水。昭伦涂的是紫药水，紫君涂的是碘酒，建明涂的是红药水。当王太太打开箱盖时，封条湿漉漉的，说明封条上的糨糊未干。糨糊里含有大量的淀粉。假如是昭伦或建明揭下封条，那么封条上必然会留下紫色或红色的痕迹。假如是紫君揭下封条，那涂过碘酒的手指与糨糊接触时，会由原来的黄色变成蓝色。聪明的张博士看了三人的手指，迅速查明真相。

21.4
小小实验

把碘液滴加到淀粉当中，碘液立刻就会变成蓝色。自从 1814 年第一次被记录以来，这个经典的显色反应已经不知道在课堂和实验室里出现了多少次。

大家可以试一试将碘液滴到土豆上，观察碘液的颜色变化。碘液也可以用来鉴别唾液淀粉酶是否已经将淀粉消化……只要是含有淀粉的物质都可以让碘液变成蓝色。植物的块茎和果实，例如小麦、大米、土豆、玉米、豆类等，都含有大量淀粉。

21.5
碘遇到淀粉为什么会变成蓝色？

淀粉中的直链淀粉呈卷曲盘绕的螺旋形，好似一个"圆筒"。碘与淀粉反应时，碘分子填充在里面，从而呈现出蓝色。

真相只有一个

22 鱼池案件的"凶手"

三十多年前的一天，一家鱼类加工厂的工人正在抓紧时间清除鱼池里的污泥浊水。谁曾想到，正当大家干得热火朝天的时候，一个看不见的恶魔正悄悄地降临……

22.1
案件回顾

在鱼池里工作的工人有的突然感到头晕、胸闷，有的抱住头直喊头疼，有的甚至休克昏迷。尽管有关部门火速组织医务人员全力抢救，结果还是有 4 名工人因中毒抢救无效而死亡，让人不由后背发凉。

凶手是谁呢？

经过调查，人们终于找到了鱼池案件的"凶手"——硫化氢。

22.2
鱼池里为什么会有硫化氢？

鱼池里投放的鱼食过多，会导致鱼食残留。如果清理不及时或长时间不换水，堆积在鱼池底部的残食及鱼类粪便中的有机硫化物在厌氧微生物的作用下，会慢慢释放出硫化氢气体。

案件回顾

22.3
危险的硫化氢

硫化氢是一种无色、有臭鸡蛋气味的刺激性气体，能溶于水，与空气混合能形成爆炸性混合物，遇明火、高热能引起燃烧爆炸。

硫化氢也是剧毒物质。低浓度的硫化氢对人的眼、呼吸系统及中枢神经都有损害。如果人吸入高浓度的硫化氢，即使是少量，也会于短时间内失去生命。

22.4
工人们为什么没有发现硫化氢的存在?

在一般情况下，人能够闻到的最低硫化氢浓度是 $0.012\sim0.03mg/m^3$。当空气中硫化氢的浓度达到 $1.4mg/m^3$ 时，人能闻到明显的臭鸡蛋气味。当硫化氢浓度过高或持续存在时，人的嗅觉神经被麻痹，反而觉察不到硫化氢的特殊臭味。鱼类加工厂的惨案正是因为工人搅动水池，使溶解在污水中的硫化氢气体大量外逸，引发中毒。所以，一定要提醒工人师傅，在进入下水道、粪坑等处工作时，可不能仅根据"臭鸡蛋气味"的有无来判断硫化氢是否存在，以免发生不测。

危险的硫化氢

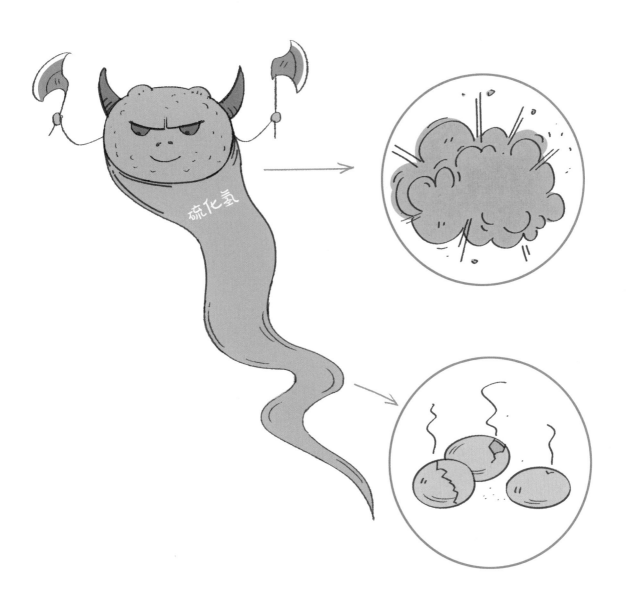

六、化学与生命健康

23 融解道路冰层的"盐"可以食用吗？

化学世界缤纷多彩，但有时候它也会给我们带来许多"困惑"，了解这些"困惑"背后的化学知识，有助于我们健康饮食、安全生活，也能保护自己和身边的人。

23.2
快去厨房看一看

同样是"盐"，为什么融雪盐不能食用？它和我们平时做菜时放的盐，到底有什么不一样呢？我们不妨到厨房仔细观察一下食盐的包装袋，上面有几个非常显眼的大字，是什么呢？

23.1
事件回顾

有一年寒潮来袭，全国多地都迎来了强降雪。受大雪天气影响，某地的马路和高速公路路面结冰，给车辆行驶带来了极大的不便。为此，相关管理部门的工作人员在路面撒上了融雪盐。然而，工作人员发现，有人拿走了融雪盐。

管理部门紧急呼吁：融雪盐不能食用，如果误食，后果会很严重，希望拿了融雪盐的人尽快把融雪盐还回来。这是对自己和家人身体健康负责，也是对公路部门除雪工作的支持。

事件回顾

23.3
食盐VS工业盐

我们炒菜用的食盐是一种精制盐，是从海水、地下岩（矿）盐沉积物、天然卤水中获得的，它的成分主要是氯化钠，有咸味，可作为日常饮食的调味品。

融雪盐是一种工业盐。工业盐被称为"化学工业之母"。工业盐不像食用盐一样经过高精度提取，含有一定程度的杂质，甚至可能存在重金属超标的情况。一旦人食用工业盐，重金属就会进入人体而无法被排出，在某些器官中积蓄起来，进而造成慢性中毒，危害人体健康。因此工业盐不能食用。

23.4
区分食用盐与工业盐

如何从外观上区分这两种盐呢？

一般而言，食用盐多为白色，呈细沙状，水分极少，用手揉捏不会感到粘手（大家可以试一试）。

工业盐虽也多为白色，但颜色灰暗，多为颗粒状，水分含量大，用手揉捏时有一种黏稠感。

区分食用盐与工业盐

24 雾霾与雾，傻傻分不清

人们说，天空"雾蒙蒙"的，但真的是雾吗？

24.1
你了解雾和雾霾的形成吗？

雾是由无数小水滴汇聚形成的，笼罩大地时，仿若人间仙境。气温升高或风大时，雾气就会消散。

而雾霾与雾的不同之处在于"霾"。霾是由多种物质混合而成的小颗粒。小颗粒消解速度慢，所以雾霾持续时间长。

24.2
"杀手" PM2.5

说到霾，不得不提到霾中"杀手"——PM2.5。PM2.5是指大气中直径小于或等于2.5微米的颗粒物，有时也被称作入肺颗粒物。它会引起多种呼吸道疾病，是名符其实的隐形杀手。

24.3
小小口诀

你说是雾我说霾，众说纷纭晕脑袋。
小可爱们莫着急，静静听我说明白。
液体水滴汇成雾，人间仙境散得快。
固体微粒则为霾，戴好口罩防伤害。
敢问霾自哪里来，废气尾气天天排。
总之，霾是污染物，雾未必是污染物，但雾可能成为污染物的载体。

"杀手" PM2.5

25 我讨厌二手烟

二手烟由两种烟雾构成：一种是吸烟者呼出的烟雾，称为主流烟；一种是香烟燃烧时所产生的烟雾，称为侧流烟。吸入二手烟是一种被动吸烟方式。

25.1
讨厌的二手烟

不管是在家里还是在公众场合，我们都可能会遇到抽烟的人。我们在不知不觉中吸入的二手烟会给我们的身体带来危害。

吸烟有害健康，而吸入二手烟危害更大。吸烟者往往不知道二手烟的危害，当我们阻止他们吸烟时，有时候会被反问："我吸烟跟你有什么关系呢？"这时候，就需要我们来跟他们讲一讲二手烟的危害。

25.2
二手烟的"凶器"

二手烟中含有烟焦油、尼古丁等有害物质，对人体极其有害。

烟焦油是在香烟燃烧过程中产生的，其中含有多种有害物质，如苯并芘就具有强致癌作用。

尼古丁是烟草的重要成分。人在吸烟时，尼古丁很快进入人的血液，几秒钟即可到达大脑。尼古丁会使人心率加快、血压升高、心脏负荷加重等。

二手烟的"凶器"

25.3
二手烟的危害

　　二手烟对青少年的危害更大。青少年正处于生长发育阶段，身体还未成熟或正趋于成熟，烟尘中的有害物质容易进入肺部，因而青少年更容易受到有毒有害物质影响，受二手烟的毒害也更深。此外，有研究认为，长期吸入二手烟可使学生的记忆力和嗅觉灵敏度降低，课堂上不能集中注意力。

25.4
自我保护要做好

　　1. 远离吸烟者
　　少接触吸烟的人；室内常通风，放置绿色植物，必要时可以使用空气净化器；与吸烟者沟通，讲明吸烟的危害。
　　2. 及时清洗
　　如果长时间暴露在二手烟的环境中，回家后立刻换下衣服、冲个澡。
　　3. 多吃蔬菜水果
　　多吃富含胡萝卜素以及维生素 C 的新鲜蔬菜水果。

自我保护要做好

26 病菌杀手——消毒液

日常生活中，人们会用一些消毒液进行杀菌、消毒。那么，消毒液是怎样杀菌的呢？快来了解一下吧。

26.1
消毒液的"战斗"原理

84消毒液是我们常用的一种消毒杀菌剂，其主要成分是次氯酸钠。

次氯酸钠可水解生成次氯酸，次氯酸具有强氧化性，能够破坏病毒、细菌的结构。所以，我们可以利用84消毒液来杀灭环境或者物体表面可能存在的病毒、细菌。

26.2
说说医用酒精

另一种备受欢迎的消毒液就是医用酒精了。医用酒精的主要成分就是酒精，也叫作乙醇。医用酒精一般是浓度为75%的酒精。

26.3
75%的大智慧

医用酒精可以用于杀菌、消毒，利用的是乙醇可以使蛋白质变性的原理。但为什么用浓度为75%的酒精，而不是纯酒精？

原来，纯酒精是不能渗透到细胞内部的，也就不容易起到杀菌、消毒的作用。科学家发现浓度为70%~75%的酒精杀菌、消毒效果最好。由于酒精具有易挥发性，选用75%的酒精来杀菌、消毒，可以确保在一段时间内酒精的浓度正好在70%~75%，起到最佳杀菌、消毒的作用。

说说医用酒精

26.4
消毒效果1+1>2？

可能有人会想，同样都是用来消毒的，是不是可以把 84 消毒液和医用酒精混合起来使用？强强联手会不会使消毒效果加倍？这些说法到底对不对，让我们用化学知识揭开谜团。

26.5
揭开谜团

其实，84 消毒液和医用酒精混用后，消毒能力不升反降。

如果我们把两者进行混合，混合液体会发生化学反应，虽然不会产生足以致命的化学物质，但会使乙醇含量明显降低，且削弱 84 消毒液的消毒能力，造成浪费。总而言之，84 消毒液、医用酒精要单独使用。

26.6
切忌混用

有一点我们要注意：84 消毒液一定不要和洁厕灵混用！

洁厕灵的主要成分是盐酸，它和 84 消毒液混合会发生化学反应，生成有毒气体氯气，会强烈刺激人体咽喉、呼吸道和肺部。

切忌混用

27 粮食丰收的背后

吃水果前，妈妈总是叮嘱要用清水多洗几次；去超市购买蔬菜时，你会发现有一类蔬菜叫"有机蔬菜"……这些跟农药、化肥有着怎样千丝万缕的关系呢？

27.1 庄稼的两大"装备"

农家流传这样几句话，"庄稼一枝花，全靠肥当家""鸟靠树，鱼靠河，庄稼望好靠肥多""小满防虫患，农药备齐全"。如果说庄稼是一名战士，那么化肥与农药即是战士两大最强的"装备"。

27.2 化肥与农药的作用

跟人一样，庄稼在生长过程中，也需要补充各种营养物质，肥料就是庄稼的"粮食"。肥料包括有机肥和无机肥。化肥一般是无机肥，常见的主要有氮肥、磷肥、钾肥、复合肥等。这些肥料中包含着钾、氮、磷等元素，可以帮助庄稼的叶子更绿、果实更大、品质更高。而有机肥，俗称农家肥，包括人畜粪尿、堆肥、绿肥等。

庄稼同样要遭受病菌、害虫的侵扰，农药的合理使用可以有效地杀死这些病菌和害虫。

27.3 化肥与农药的限制

然而，如果化肥和农药使用不当，不仅会伤害农作物，使其产量降低，还会污染环境，让我们的地球母亲受到伤害。如果使用的农药剂量过多，容易使农作物成熟之后仍有农药残留，不仅会带来食品安全问题，还可能破坏生态系统，危害到人和动物的生命。

有机蔬菜的生产过程中，就禁止使用任何化学合成的农药、化肥、生长调节剂等。

27.4 化肥与农药的未来

使用化肥、农药，可能会导致环境污染、食品不健康，而不用化肥、农药，则农作物可能会产量降低、品质下降。如何处理这个矛盾，让农药与化肥更好地发挥作用？相信随着科技的发展，科学家一定会想出更好的办法来！

(27.1)

庄稼的两大"装备"

103

图书在版编目（CIP）数据

化学星球 / 红点智慧编著. — 成都：四川少年儿
童出版社，2024.5
ISBN 978-7-5728-1448-8

Ⅰ．①化… Ⅱ．①红… Ⅲ．①化学—少儿读物 Ⅳ.
①06-49

中国国家版本馆CIP数据核字(2024)第089114号

HUAXUE XINGQIU
化学星球

出 版 人：余 兰
项目统筹：高海潮
责任编辑：刘国斌　陈渠兰
责任校对：王默志
美术编辑：李 化
责任印制：李 欣

作　　者：红点智慧
绘　　图：后春晖
出　　版：四川少年儿童出版社
地　　址：成都市锦江区三色路 238 号
网　　址：http://www.sccph.com.cn
网　　店：http://scsnetcbs.tmall.com
印　　刷：深圳市福圣印刷有限公司
经　　销：新华书店
成品尺寸：210mm×210mm

开　　本：20
印　　张：5.4
字　　数：108 千
版　　次：2024 年 7 月第 1 版
印　　次：2024 年 7 月第 1 次印刷
书　　号：ISBN 978-7-5728-1448-8
定　　价：68.00 元